人生を勝ち抜く

孫子の兵法

監修
野村茂夫
愛知教育大学名誉教授
皇學館大学名誉教授

リベラル文庫

はじめに

『孫子』は、２５００年も昔に書かれたにもかかわらず、現在も多くの人に愛読され、活かされている兵法書です。兵法書なので、当然戦争のノウハウが記されています。しかし、余計なコストやリスクをかけずに勝利を目指す点や、相手を負かすことでなく、自分の利益を得るという戦いの目的を見失わない、という一貫した姿勢は、日々競争にさらされている現代人に多くのことを教えてくれるのです。

本書は、『孫子』を独自のテーマ別に分類し、日常風景に落とし込んでわかりやすく解説しています。この本を手に取った皆さんが勝利をつかみ取り、幸せになるためのヒントを一つでも多く得てくださることを願っています。

人生を勝ち抜く 孫子の兵法　もくじ

第1章　孫子の哲学

第2章　勝負を決める事前準備

第3章　素早く的確な判断力

第4章　トップに立つ者の心構え

第5章　個々が輝く組織力

第6章　主導権を握る戦い方

第1章

孫子の哲学

自分の強みとライバルの弱みを知ることが勝利につながる

彼れを知りて己れを知れば、百戦して殆うからず（謀攻篇）

孫子の教えの中でも最も重要なものの一つです。すべてを完璧にこなせる人間はいません。だからこそ、自分と相手の得意なところや弱点を知り、それを最大限考慮することが勝利につながっていくのです。

最も重要なもののためにこそ、力を注ぐ

兵とは国の大事なり、死生の地、存亡の道、察せざるべからざるなり（計篇）

個人の生活でも、自分が属している組織でも、これだけは外してはいけないという領域があるはずです。

自分が生きる上で家族を何より大事にしたいのであれば、次に何をすれば家族を幸せにできるのかということを考えるようになっていくものです。仕事で大きな成果をあげようと思うなら、自分の会社が何を最も大事にしているのかを把握し、どうすれば大きく発展していけるるか、慎重に考える必要があります。

使えるエネルギー、使える時間は、誰でも有限。だから、その貴重な力をどこに注ぐのか、その見極めと選択が、人生において何より大事なのです。

戦いの目的は、勝つことではない

国を全うするを上と為し、国を破るはこれに次ぐ（謀攻篇）

「勝利」というと、力で相手を屈服させるイメージですが、本当に賢い人は余計な戦いを避け、相手を痛めつけることなく降伏させることを考えます。そうすることで、自分の力も温存することができ、次にもつながっていくのです。

勝つこと自体は目的ではなく、一つの手段。勝つことだけを目指すあまり、自らの身体に無理を強いたり、仲間を傷つけることになってしまっては本末転倒です。本当の目的は、勝つことによって、自分や、自分の周りの人たちを幸せにすることのはずです。敵を負かすことより、自分が負けないこと、周囲を豊かにすることを大切にしましょう。

大きすぎるリスクは避けて、守るべきものを守る

怒りは復た喜ぶべく、慍りは復た悦ぶべきも、亡国は復た存すべからず、死者はまた生くべからず

（火攻篇）

賭け金が90%の確率で倍になり、10%の確率でゼロになるギャンブルがあるとします。期待値の高いギャンブルですが、賭け金が「全財産」となるなら、避けるのが普通でしょう。

いくら勝てる可能性が高くても、負けたときに取り返しがつかなくなるような勝負はするべきではありません。利益を出すことは重要ですが、大きく負けないことも同じように重要。取れるリスクを見定めることで、本当に守るべきものを守る賢さを身につけましょう。

戦わずして勝つのが、真の勝者

戦わずして人の兵を屈するは
善の善なる者なり（謀攻篇）

「馬鹿にされたから」「挑発されたから」という理由で、無理に張り合うのは何の利益にもなりません。

競い合わなければならないように見える状況もあるでしょう。それでも、手痛い損害を受けそうならば、可能な限り争いを避けるのが賢明です。勝てる見込みがあるときでも、そこで争うことが本当に得であるのかを見極めることが大事です。

そもそもライバルを打ちのめしたいと思うのは、自分のプライドや感情によるもの。自分の欲望を、現実的な利害より優先させることは、リスクしか生みません。感情に振り回されるのではなく、冷静に利益と損害を秤にかけて判断しましょう。

時には冷徹な判断も必要

将　吾が計を聴くときは、これを用うれば必ず勝つ、
　　これを留めん。
将　吾が計を聴かざるときは、これを用うれば必ず敗る、
　　これを去らん（計篇）

綿密な計画を立て、シミュレーションを繰り返し、いざプロジェクトを実行するときに、指揮をとる人間と現場の考え方が対立するようなケースは、組織であれば起こりうるでしょう。チームを取り仕切る立場にいれば、波風を立てずプロジェクトを進めるためにも、現場に歩み寄ることを考えるかもしれません。

しかし、その計画が本当に良いもので、十分な勝算を見込めるなら、現場の担当者を土壇場で取り換えるくらいの決断も必要になります。もちろん、部下の意見にきちんと耳を傾けることも重要ですが、最終決定を下すのはトップの役割。時には冷徹になって計画を進めていく覚悟も、持っておかなければならないのです。

勝利の先まで見据えておく

必ず全き(まった)を以て(もっ)天下に争う

（謀攻篇）

目先の試合に勝っても、後に響く傷を負っては意味がありません。あらかじめ勝負の後のことまで考慮に入れておく必要があります。勝利を収め、それが成長につながるようなビジョンを持っておくのです。

プレッシャーを味方につける

兵を知るの将は、民の司命、国家安危の主なり（作戦篇）

大きな仕事を任された場合、その結果次第で、多くの人々に影響を及ぼします。あなたの一つの決断、一つのミスが、人を幸せにすることにもなれば、窮地に陥れることにもなるのです。

仕事を任され、予算や人員を与えられ、仕事における自由度が大きくなればなるほど、その結果に責任が伴ってくることは言うまでもありません。

プレッシャーに負けてはいけません。重要な任務を果たせると期待されたからこそ、あなたは任されたのです。与えられた「自由」と「責任」を味方につけて、持てるすべての力を発揮しましょう。

自分の能力が及ぶ範囲で最大限の努力をする

先知なる者は鬼神に取るべからず、事に象るべからず、度に験すべからず

（用間篇）

古代には、戦争をするかどうかを決めるため、占いを行っていたと言われています。占いの結果が良ければ戦争を行い、凶が出れば、戦争を取りやめるのです。それは戦争の結果が、最初から運命によって決められているという考えによるものです。

しかしどんな勝負も、最初から結果が決まっているわけではありません。偶然や運によって左右されることはあるものの、最終的には自分の実力が大きく勝敗を分けるのです。

偶然や運の影響はあるとしても、それらが努力を放棄する言い訳にはなりません。まずは自分の力を尽くすこと。それから運命がこちらに傾くのを期待しましょう。

必ずしも勝ち続ける必要はない

百戦百勝は善の善なる者に非(あら)ざるなり（謀攻篇）

ライバルと激しい争いを繰り返して勝ち続けたとしても、それによって消耗するばかりでは何の意味もありません。戦いは目的を達成するための手段のうちの一つでしかありません。

自分を成長させたい、売上を伸ばしたい、周囲に認められたいなど、人にはいろいろな目標があります。その目標を達成するには、必ずしも激しい戦いや競争をする必要はないのです。視野を広げて、戦い以外の方法も探ることが、本当の勝利につながっていくのです。

コラム 1

争いを避ける兵法書

『孫子』は紛れもなく兵法書であり、戦争において、どのような戦略・戦術を立て、兵を用いれば、勝利を収められるかを理論として打ち立てた書物です。実際『孫子』には、地形に応じた戦い方や、火攻めなどについても詳細に触れられています。

ただ、『孫子』は決して争いをすすめる本ではありません。読んでみると、戦争を避けることを繰り返し説いていることに気づくはずです。

「敵を討ち破って屈服させるよりも、無傷のままに降伏させる方が上策だ」とし、戦闘することによって疲弊する害を考慮しています。また、別の箇所では戦争のコスト計算を行い、非合理な戦闘を強く戒めています。

そういう意味で、『孫子』は単なる兵法書に留まるものではありません。過酷な現実を直視し、運否天賦（うんぷてんぷ）に身を任せず、自分の力で未来を切り拓いていくための手引きなのです。

第2章

勝負を決める事前準備

勝ち負けは、勝負の前に決まっている

勝兵は先ず勝ちて而る後に戦いを求め、敗兵は先ず戦いて、而る後に勝を求む（形篇）

事前の準備や計画なしに、行動が、大きな実を結ぶことはありません。しかし、緻密な計画をもとに、十分な態勢を築いて挑戦すれば、すでに勝利は手に入ったようなものです。

戦うべきときを見極める

戦うべきと戦うべからざるとを
知る者は勝つ（謀攻篇）

自分の力ではどうあがいても敵わないライバルと争うことは、わざわざ負けを選ぶようなものです。勝ち負けが今後を大きく左右する場合、うっかりと勝負に飛び込むのは危険です。

今はライバルに及ばなくても、日々の努力によって能力を伸ばしていけば、いつか拮抗できるようになるはずです。ライバルの研究に時間をかけることで、勝機が見えてくることもあるでしょう。自分の能力が追いついたと思ったら勝負を挑み、さらなる飛躍を目指せばいいのです。

勝負をして勝ちを見込める時期を見極め、まだ勝負できないときには戦いを避ける。これこそが、負けないための鉄則なのです。

ライバルとの力量の差が戦略をもたらす

勝は知るべし、而して為すべからず（形篇）

絶対王者ならいざ知らず、ほとんどの人にとって能力というのは相対的なものです。自信を持って「自分は誰にも負けない」「自分より強い人間などいない」と断言できる人は稀でしょう。この広い世界において、それは当然のことです。

望む成果を得るために、世界で一番になる必要はありません。コンペであれば、そのコンペに参加する競合他社にさえ勝てばいいだけのこと。極端な話、勝とうとしているライバルが「世界で一番弱い」なら、自分は世界で二番目に弱くても一向に構わないのです。ライバルと自分の力量を比較すれば、勝負に挑むべきかどうか自然と明らかになります。

勝利の目算は複数の角度から

算多きは勝ち、
算少なきは勝たず（計篇）

戦いは一つの要素で勝敗が決まるものではありません。例えば、腕力があり、スピードのあるサーブを打てたとしても、それだけで優れたテニスプレイヤーになれるわけではありません。視野の広さ、ボールコントロール、反応の良さ、戦略性、心理的な駆け引き……そういった多くの要素によって、勝敗は決まります。

相手の性質や状況を複数の角度から検討し、戦略を練り上げること。それがあなたに勝利をもたらすのです。

スピードは最大の武器

兵は拙速なるを聞くも、
未だ巧久なるを睹ざるなり（作戦篇）

物事には「100%完璧」といった状態はありません。

会社の業務でも家事でも、一つの仕事に対して必要以上にこだわり続けていると、いつまでたっても終わりません。それが長引くほど、仕事に対する意欲や気力も徐々に失われてしまいます。

フェイスブックの創始者、マーク・ザッカーバーグの名言に「完璧を目指すよりまず終わらせろ」というものがあります。物事を深く考えてばかりいると、どうしても手が止まってしまい、片付けるべき仕事がどんどん増えてしまいます。スピードを重視して、仕事を終わらせる意識を持ちましょう。

勝利までの流れをイメージする

一に曰わく度、二に曰わく量、三に曰わく数、
四に曰わく称、五に曰わく勝（形篇）

プロジェクトの成否は、成功させるために必要な工程やものをどれだけ精密に考え、戦略を組み立てられるかで分かれます。

プロジェクトの難易度や労力を把握することで、必要な人材とその数も判明します。どれだけの人が必要になるかが分かれば、どれだけの人件費や設備、作業環境が必要になるかも、自然と明らかになります。これを怠れば、プロジェクトを進める中で想定外の事態が頻発することになるでしょう。

勝利までの道筋をイメージし、各段階で必要になってくることを想定する。それが、仕事を円滑に進める秘訣です。

ゴールを設定することで、意欲を維持し続ける

其の戦いを用なうや久しければ則ち兵を鈍らせ鋭を挫く（謀攻篇）

何事もゴールを設定することが、挫折しないコツ。今、自分が中間地点にいるのか、それとも終わり間際にいるのか。ゴールまでの距離を認識することによって、踏ん張りが効いてきます。

理念は理解されてこそ、その力を発揮する

令の素より信なる者は衆と相い得るなり（行軍篇）

あなたは自分の属する組織の理念や、チームの哲学といったものを理解しているでしょうか？

単に言葉として知っているだけでは十分ではありません。どのような失敗や経験を経て、理念やルールが生まれたのか。その背景を知り、共感できたとき、初めて理解したと言えるのです。そしてそれを、所属するメンバー全員が理解し、共有することで、組織にまとまりができ、強さを発揮することができるのでしょう。

組織の慣習や決まり事、ルールは、守るだけでなく、その真意を理解することが大切なのです。

コストと利益のバランスを

凡そ用兵の法は、馳車千駟・革車千乗・帯甲十万、千里にして糧を饋るときは、則ち内外の費・賓客の用・膠漆の材・車甲の奉、日に千金を費して、然る後に十万の師挙がる（作戦篇）

一つのプロジェクトを成功させるには、多くの人材、膨大な予算、設備や技術、積み上げてきたノウハウなど、様々なものが必要となります。有形無形のリソースを使って、初めて大きな仕事ができるのです。たとえ過去最大の売上を叩き出すことができたとしても、それ以上にコストがかかってしまえば、当然ながら赤字です。

この仕事にはどれだけのコストがかかるのかを事前に確認して、それだけのものをかけても利益が出るのか、冷静に判断しましょう。

情報収集に手を尽くすことが、大きな利益につながる

爵禄(しゃくろく)・百金(ひゃっきん)を愛(お)しんで敵の情(じょう)を知らざる者は、不仁(ふじん)の至(いた)りなり（用間篇）

事業活動のための管理手法として「ＰＤＣＡ」というものがありますが、その最初のプラン（計画）を行う前に必要なのが、情報収集です。

利益というのはすぐに生じるものではないので、計画段階で情報収集に予算をかけることには抵抗があるかもしれません。しかし、ビジネスにおいて情報は不可欠なもの。情報がなければ適切に計画を立てることもできず、その後のサイクルも不完全なものになってしまうでしょう。

十分勝算の見込めるプロジェクトなら、情報収集のための手間やコストを惜しまず、精度を高めていきましょう。

人の利点を取り入れ、成長の糧にする

智将は務めて敵に食む

（作戦篇）

孫子は戦うときも、それ以外のときでも徹底的に「利益と損失」に重きを置いています。利益が見込めるのであれば行い、損失になるのであれば避けるというシンプルな考え方で、これは現代でもそのまま通用します。

例えばライバルの優れているところを上手く取り入れ、我が物とすれば、あなたは短時間で成長できるでしょう。プライドが高い人であれば、ライバルの真似をするのは抵抗があるかもしれませんが、あなたの目標達成の近道になるなら、それも立派な戦略です。ライバルの力をも飲み込み、より成長していくのが、あなたにとっての利益となるのです。

正攻法だけでは勝てないときもある

凡そ戦いは、正を以て合い、
奇を以て勝つ（勢篇）

基本を疎かにしていては、戦いには勝てません。ですが、基本だけでは勝てないのも事実。基本をわきまえた上で、予想もしないような方法を見つけることが、ライバルを出し抜く秘訣です。

コラム２

孫子とビジネス

現実主義的で実践的な『孫子』が後世に与えた影響は大きく、多くの人に読み継がれてきました。

現在、私たちが目にする『孫子』は、魏の武帝、曹操が編纂・整理したもの。孫子のおかげでしょうか、曹操は戦略家としても群を抜いて優秀だと評価されています。また、ナポレオンや武田信玄も『孫子』を愛読していたと言われます。

現代では、主にビジネスマンや経営者に親しまれており、ビル・ゲイツ氏や孫正義氏が、経営に孫子の考え方を取り入れていることは広く知られています。

「国家」も「企業」も、組織という点では変わりありません。優秀な人材を集め、適材適所に配置し、情報を仕入れ、状況を見ながら計画を立てる。適切なルールをつくり、守る。『孫子』に書かれていることは、そのまま優れた組織運営に使えるのです。

第3章

素早く的確な判断力

あらゆる状況に対応する力を持つ

其の疾（はや）きことは風の如（ごと）く、その徐（しずか）なることは林の如く、
侵掠（しんりゃく）することは火の如く、知り難きことは陰（かげ）の如く、
動かざることは山の如く、動くことは雷の震（ふる）うが如くにして、
郷（きょう）を掠（かす）むるには衆（しゅう）を分かち、地を廓（ひろ）むるには利を分かち、
権（けん）を懸けて而して動く（軍争篇）

戦国武将の武田信玄が軍旗に掲げていたといわれる「風林火山」は、元々『孫子』の一節によるもの。変わりゆく状況に応じて、自ら柔軟に変わっていくことが、様々な事態を切り拓きます。

世の中の移り変わりを予想することが、差をつける秘訣

天とは、陰陽(いんよう)・寒暑(かんしょ)・時制(じせい)なり

（計篇）

「状況」には二種類あります。自分の力や工夫、戦略次第で動かせる「状況」と、自分の力で左右することができない「状況」です。「天」というのは、後者の典型的な例でしょう。

天候、景気動向、人々の嗜好の移り変わりなどは、自分の手を離れたところにあり、簡単に動かせるものではありません。しかし、その変化に合わせて、適切な行動を取るのは重要なこと。そこで重要になるのは、何が起こるかを先読みして動くこと。何かが起こってから行動していては遅いのです。

状況が変わる前から、変化を予想し、準備をしておく。これが、ライバルに大きく差をつけることにつながります。

戦う場を分析せよ

地とは遠近・険易・広狭・死生なり（計篇）

『孫子』には、地形による特徴やアドバンテージなどについて詳しく書かれていますが、ビジネスにおいても、自分が市場をどう分析して戦うのかによって、大きく成果が変わってきます。

市場の状況によって、自社の強みやリソースをどう使えば自分たちの力を最も発揮できるのか。また、ライバルが今の市場のどんな面を苦手としているのかを考え、勝てる戦略を立てるのです。

状況を選び、活かしきることで、優位性を獲得できるのです。

人の能力を存分に活かすための場所をつくることが、勝敗を決める

軍は高きを好みて下きを悪み、
陽を貴びて陰を賤しみ、
生を養いて実に処る（行軍篇）

組織は、所属する人あってのもの。人が生き生きとし、充実している組織は、多少の困難を迎えても乗り越えることができます。そして、人が最大限のパフォーマンスを出すためには、それに見合うだけの環境が必要なのです。

新しい技術習得の場を設ける、設備を導入する、一人一人の健康をチェックする、コミュニケーションを取りやすくするなど、組織が環境を整えるほど、メンバーの能力も伸びていきます。

組織の環境を整えるためだけにコストをかける選択をするのは難しいかもしれません。しかし、環境と人材をともに高めていくことが、組織力の強化につながっていくのです。

情報を「活用」するには、優秀な人材が必要

此れ兵の要にして、三軍の恃みて動く所なり（用間篇）

膨大な情報に囲まれているのが当たり前の世の中においては、情報の取捨選択が重要になります。今必要な情報は漏らさず拾い、反対に信頼性が低く、ノイズにしかならない情報は捨てなければなりません。そのためには、ただ情報を集めるだけではなく、それが有益かどうかを素早く見極め、活かせる形に変換できる人材が必要となるのです。

スポーツであれば、今度対戦する相手の試合のビデオを集めるだけでは、十分な仕事とはいえません。そこから相手のスタイルや癖、弱点などを分析し、戦略を描けるところまで持っていくのが優秀な人材といえるのです。

損失を最小限にとどめることも、重要な決断

善く兵を用うる者は、役は再びは籍せず、糧は三たびは載せず（作戦篇）

力を注いできたプロジェクトの状況が変わってしまい、たとえプラン通りに完遂できたとしても、採算が取れそうにないことが発覚したとします。せっかく、これまで予算を使い、労力もつぎ込んできたのだからと、プロジェクトを続けるべきでしょうか？

　経済学のサンクコスト（埋没費用）の考え方からすれば、答えはノーです。たしかにこれまで使ってきたコストは、そのまま損失になってしまいます。だからといって、見込みのない挑戦を続けるのは、損失を拡大することにしかなりません。損失を拡大させないことも、利益を上げることと同じくらい重要なのです。

多数の情報が、最適な判断を導き出す

地を知りて天を知れば、勝乃ち全うすべし（地形篇）

敵を知り、自分を知り、現況を知り、それらの情報を統合して、適切な行動を取れば、決して負けることはありません。成功を収めることができるのは、広範な情報に基づく決断があるからです。

細かな判断材料を設け、スムーズな意思決定を

利に合えば而ち動き、
利に合わざれば而ち止まる（地形篇）

ビジネスにおいては、毎日が選択の連続です。難しい意思決定は、それだけで体力や精神的なエネルギーを消耗するもの。

物事はできるだけシンプルに考え、要素を細分化することが、無駄な労力を使わずに判断を下す秘訣です。まずは「利益が出るのであれば行い、採算が合わなさそうであれば行わない」という大前提をもとに、その判断を下すのに必要な項目を書き出してみましょう。シミュレーションでの売上や原価、市場状況、ライバルの存在など項目を立てて、それぞれに基準値を設けるのです。その上で、基準値を上回れば実行し、下回るなら他の手段を検討するといったふうに、意思決定をスムーズにしていくのです。

組織の雰囲気を察知し、メンバーの力を十二分に引き出す

散地には吾れ将に其の志を一にせんとす（九地篇）

組織には「勢い」や「流れ」があり、それ次第でメンバーの士気や能力がどれだけ発揮されるかが変わってきます。

諸々の困難にチャレンジし、目標を達成したばかりの組織には勢いがあります。その勢いを保てば、さらに難しいチャレンジにも力強く立ち向かうことができるでしょう。

一方、ルーティーンワークが長く続き、芳しい成果も出ていないような組織には、流れを変えるような施策が必要です。

組織全体が、今どのような雰囲気を持っているのかを把握し、その状況に応じた対策を打つようにしましょう。

自分の力量に見合った戦い方を

——

衆寡の用を識る者は勝つ

（謀攻篇）

——

戦略は、組織の規模によって変わります。

大きな組織であれば商品を次々と開発し、シェアを拡大することを考え、自社の体力を頼りに、価格競争を挑むことも可能でしょう。

しかし、小さな組織で同様のことをすれば、すぐに力尽きてしまいます。機動力を活かしたサービスや、ニッチな市場にエネルギーを注ぐことが、利益確保の確実な道かもしれません。

組織力に見合った戦術を練ることで、生き残る道を探ることができるのです。

戦力を一気に投入することが、華々しい成果につながる

勝者の民を戦わしむるや、積水を千仞の谿に決するが若き者は、形なり（形篇）

物事を計画し、準備する段階では、これからの行動を周囲に悟られることがないよう、静かに動くのが基本です。

しかし、いざ実行の段階となれば、それまで溜め込んできたエネルギーを費やし、一気に攻めるべきです。力を何回かに分けて投入すると、勝利の可能性を下げてしまいます。また、戦いが長引くことで自分たちも疲弊し、結果的に損失をじわじわと広げることになるでしょう。

そもそも、十分な勝機があるからこそ、実行することを決めたはずです。持てる力を存分に活かしきることが、計画を力強い勝利に導くのです。

型に縛られない柔軟性が、戦局をつかむ鍵になる

兵に常勢（じょうせい）なく、常形（じょうけい）なし。能（よ）く敵に因（よ）りて変化して勝を取る者、これを神（しん）と謂（い）う（虚實篇）

理想的な組織は、決まりきった「形」を持つことはありません。

何をするにも規則に縛られ、物事の決定に時間がかかるような硬直した組織は、本来の力をうまく発揮できません。決定を待つ間に、メンバーの士気も落ちてきてしまいます。ライバルの動きを観察し、それに応じる策を柔軟に取れるのが、強い組織といえるでしょう。

孫子は、兵というのは水のようなものだといっています。水が高いところから低いところへ地形に沿って流れるように、組織も環境や敵の状態に従って、柔軟に動きを決めていくべきなのです。

隙をついて一気に攻めるのも戦術の一つ

始めは処女の如(ごと)くにして、
敵人　戸を開き、後は脱兎(だっと)の如くにして、
敵　拒(ふせ)ぐに及ばず（九地篇）

勝敗は、もちろんそれぞれの実力がものを言いますが、戦いを仕掛けるタイミングも、大きな鍵になります。時には、相手の隙をついて一気に攻勢をかけることが、最大の勝因になることもあるのです。

ライバルが強く警戒している状況では、なかなか隙が生まれることはありません。だから最初はおとなしくしておき、相手を油断させることが重要です。こちらに攻める気がないと思わせておいて、チャンスが来たら一気にスピード勝負に持ち込む。そうすればライバルが態勢を立て直す時間もなく、勝敗を決することができるのです。

敵の弱みを攻めることが、勝利への近道

吾が卒の以て撃つべきを知るも、而も敵の撃つべからざるを知らざるは、勝の半ばなり（地形篇）

自分のチームがどれだけ力を伸ばし、蓄えたとしても、それだけでは勝負はまだ五分五分といったところです。

相手の弱みに自分たちの強みをぶつけて初めて、十分な勝算があると言えるのです。

球技でも、相手が圧倒的なパワーを活かして力押しでくるなら、自分たちは徹底的にミスのないプレーを強みにして相手の隙をつく戦略をとる。そのように、相手にない部分を突く戦い方をすることが、勝利への道筋になるのです。

コラム3

冷徹な兵法家・孫武

『孫子』の作者は、春秋時代に呉王（ごおう）の闔廬（こうりょ）に仕えた孫武（そんぶ）だとされてきました。孫武については『史記』に次のようなエピソードが紹介されています。

呉王の闔廬が孫武に初めて指揮を執るよう命じたときのこと。宮中の美女180人を集め、王の愛姫2人を隊長とし、合図に従って行動するよう命令しました。しかし、宮中の婦人たちは笑っているばかりで取り合おうともしません。孫武は「取り決めが徹底せず、命令が行き届かないのは将軍である私の罪だ」と言い、再三訓令を行いましたが、それでも言うことを聞きません。「命令が行き届いているのに、決まりに従わないのは隊長の責任だ」と孫武は言い、隊長である2人の愛姫を、闔廬の制止も振り切って斬り殺したというのです。

作り話の可能性もありますが、孫武の徹底ぶりを推測することができる、興味深い挿話です。

第4章

トップに立つ者の心構え

リーダーとしての責任を持つ

凡そ此の六者は天の災に非ず、
将の過ちなり（地形篇）

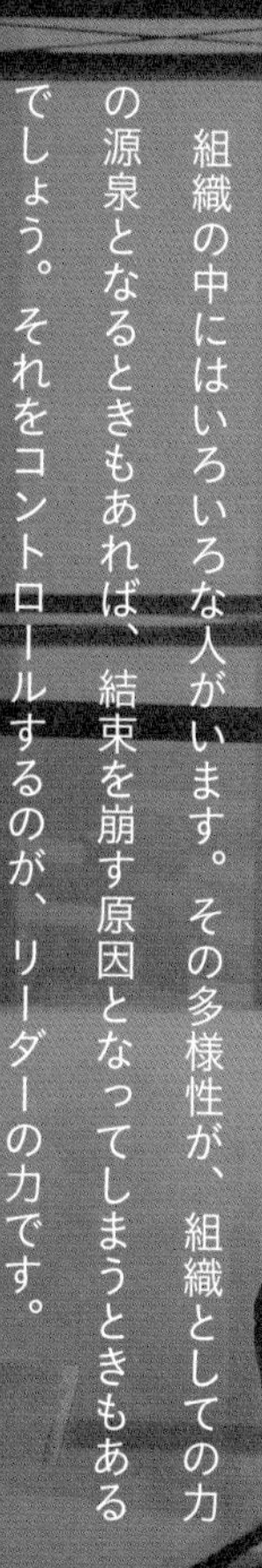

組織の中にはいろいろな人がいます。その多様性が、組織としての力の源泉となるときもあれば、結束を崩す原因となってしまうときもあるでしょう。それをコントロールするのが、リーダーの力です。

組織の秩序はトップがつくる

卒の強くして吏の弱きは
曰ち弛むなり（地形篇）

いくら優秀な従業員が揃っていても、それを仕切るリーダーが統率力に欠けていては、組織は崩れてしまいます。リーダーは、チームの中の悪い変化や兆候を察知し、速やかに修正や改善を試みなければなりません。

従業員が会社の経営理念を理解しているか、部署間でのコミュニケーションは取れているか、規則はきちんと守られているかなど、点検すべき点は数多くあります。

人の上に立つ者は、常日頃から組織全体に目を配るようにしておきましょう。その姿勢が、組織を磐石なものにしていくのです。

バランスの取れた人格者こそ、リーダーの資格を持つ

将とは、
智(ち)・信(しん)・仁(じん)・勇(ゆう)・厳(げん)なり（計篇）

リーダーとなる人は、何か一つのことに秀でていればそれでいいというわけではありません。

人の上に立つ人間は、知識やスキルの面で広く精通していることはもちろん、人間性においても優れていなければ、チームを上手く運営することができないでしょう。

人に対して誠実、寛容でありながら、いざとなれば勇気を奮い、威厳をもってメンバー一人ひとりに接することができる。そんな人こそ、リーダーの資質があると言えるのです。

リーダーの決断が、チームの決断となる

軍の進むべからざるを知らずして、これに進めと謂い、軍の退くべからざるを知らずして、これに退けと謂う。是れを軍を縻すと謂う（謀攻篇）

リーダーは多くのメンバーを従え、適切な人員の配置を行い、全体の効率性を見通し、組織の動きを把握することが必要。そのため、スペシャリストであるとともに、優れたジェネラリストであることが求められます。

そのような資質もないのにリーダーになってしまうと、大変な思いをするのはメンバーです。各々に与えられた仕事をしっかりとこなしているのに、結果はついてこないとなると、士気も落ちてしまいます。リーダーは、自分の指示一つひとつがチームの命運を左右するのだという自覚を持つことが肝心なのです。

リーダーは率先して範を示すことが必要

善く兵を用うる者は、道を修めて法を保つ（形篇）

組織を上手く回していく人間は、組織のルールや方針を理解し、自分から行動に移しているものです。リーダーが変われば、メンバーも自然に変わっていくもの。リーダーたるもの、組織に変えるべきところがあれば自らが先に変わる努力をし、率先して範を示すくらいの気概がなければなりません。

挨拶はしていますか？　上の立場にいるからといって横柄な態度を取ってはいないでしょうか？　職場で落ちているゴミがあれば拾って捨てているでしょうか？

些末なことだと思われるかもしれませんが、細かいことに気を配れないようでは、大事はもとより成すことはできません。

最善でない指示には、毅然と立ち向かう

君命(くんめい)に受けざる所あり

（九変篇）

いくら上からの指示であっても、それが明らかな間違いであり、上手くいかないことが予想されるのであれば、従わない決断をすることもリーダーの務めです。

組織において重要なのは、予想される失敗を回避するとともに、成功するように方針を変更すること。指示を鵜呑みにせず、現況を認識し、どうすればいいのかを説明する。そうすることによって、上からの信頼を獲得し、部下からも慕われるリーダーになれるのです。

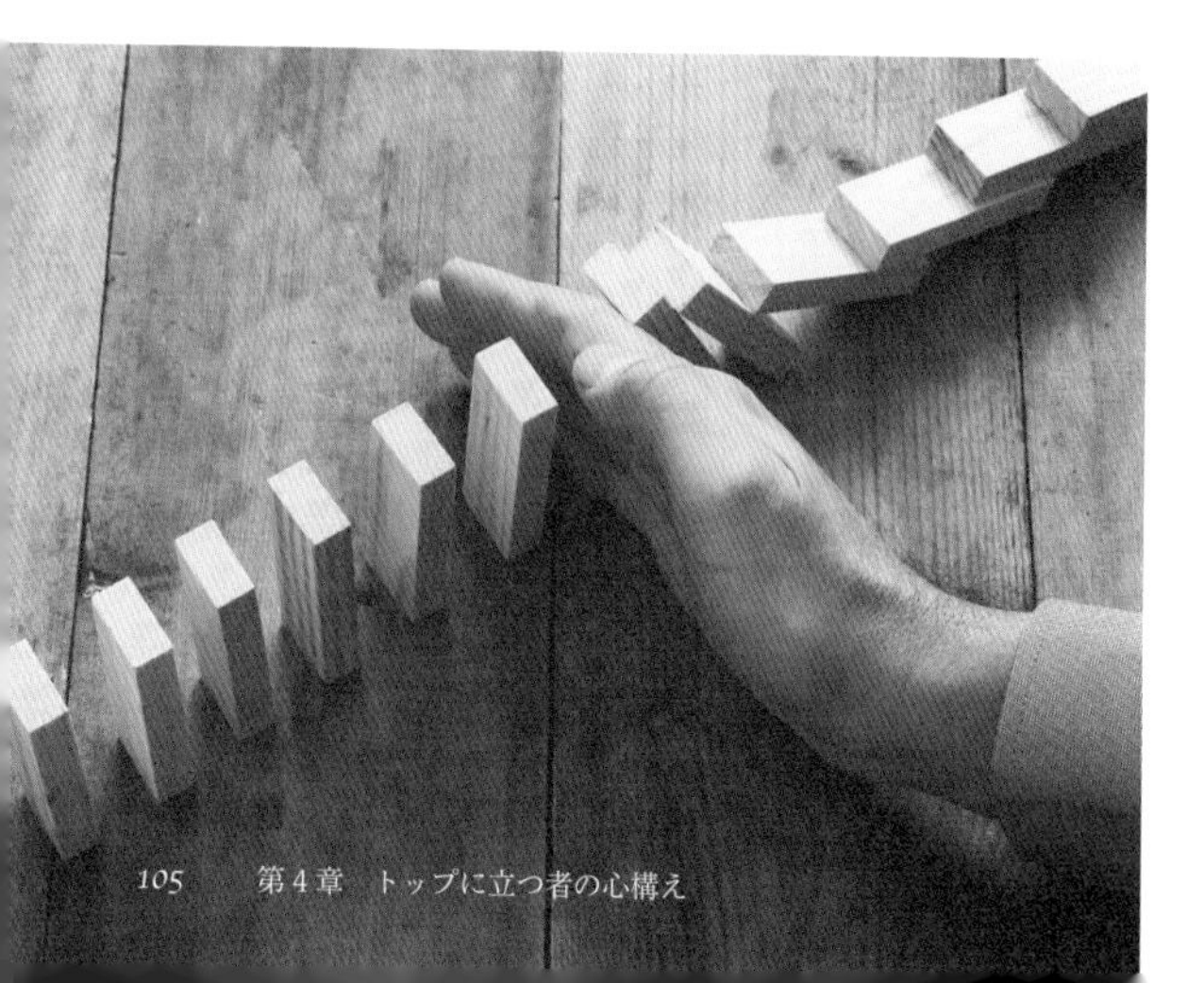

組織全体のために動ける人間が、大きな貢献を生む

進んで名を求めず、退いて罪を避けず、唯だ民を是れ保ちて而して利の主に合うは、国の宝なり（地形篇）

リーダーの立場にある者にとって、大切なことは何でしょうか？

単に大きな問題を起こさず、自分の仕事を淡々とこなせばいいと考えているようでは、リーダー失格です。自分の結果だけを追い求めたり、私利私欲で動く人間がトップにいるチームは、決して大きな仕事を成し遂げることはできないのです。

ミスをして責められたくないという気持ちは誰にでもあります。ですが、自分を犠牲にしてでも、最も組織のためになる行動をするのが、真のリーダーです。大切なのは、あなた個人の功績ではなく、組織全体の幸せ。そのように、組織や社会を第一に考えて動けば、いつか必ず自分にも還ってきます。

物事の二面性を把握し、判断する

智者の慮は必ず利害に雑う

（九変篇）

人の長所はそのまま短所につながり、短所はそのまま長所へとつながります。例えば「決断が早い」という長所は、ともすれば「軽率である」という短所にもなります。どんな性格や特徴であっても、良い面と悪い面の両方を併せ持っているのが普通です。

ビジネスシーンにおいても、物事の二面性は常につきまとうもの。「コストは安く抑えられるけれど、納品に時間がかかる会社と取引すべきかどうか」といった問題には、頻繁に直面することになります。物事の良い面と悪い面の両方を考慮することが、優れた決断をするための条件なのです。

人の予想の上を行くことが、巧みな戦略を生み出す

勝を見ること衆人（しゅうじん）の知る所に過ぎざるは、善の善なる者に非（あら）ざるなり（形篇）

どのように目標を完遂するか、そのアウトラインを描くことがリーダーの役目です。しかし、誰でも簡単に立てられるような方針と進行を考えているようでは、大きな成功は狙えないでしょう。

人が想像もつかないようなレベルや視点から物事を考え、意外性や独自性を織り込むことで、ライバルに大きく差をつけることができるのです。

競争に負けないリーダーというのは、負けないための規格外の方法をいくつも想定しておくものです。人に容易に想定される考えをしているようでは、勝利を収めることはできません。日々、視野や見聞を広げることで、発想力を磨きましょう。

静かに見渡す目が、チームにまとまりを与える

将軍の事は、静かにして以て幽く、正しくして以て治まる（九地篇）

慎重に計画を立て、刻々と変化する状況を把握し、メンバーに最高の仕事をしてもらうことが、リーダーの一番の仕事です。

リーダーが自ら率先して動くことも時には必要でしょう。ですが、それは最前線に立つということではなく、チーム全体の雰囲気を良いものにして、仕事をしやすくするためのもの。人員が足りなくて、やむを得ず動くのは、組織の統率を乱しかねない行為です。目立たず静かに、組織全体を見ることが、リーダーの務めなのです。

トラブルや困難に対処する術を

用兵の法は、其の来たらざるを恃むこと無く、吾れの以て待つ有ることを恃むなり（九変篇）

競合相手が類似製品を発表しないことを祈り、それに頼っているような状況では、ライバルの上を行くことは困難です。ライバル社がどんな手を打ってきたとしても、対処できる態勢を築いておけば、ライバルの動きに左右されることはなく、主導権を持って競争に挑むことができます。

売上が十分に上がらなかった場合や、他社に値下げ競争を挑まれた場合など、様々な事態を想定し、対応策を考えておけば、慌てず的確な判断ができるでしょう。起こりうる困難をあらかじめ予想し、万全の策を練ること。それが、上に立つ者の役目です。

熱い気持ちを維持し、クールな頭を保つ

必死は殺され、必生（ひっせい）は虜（とりこ）にされ、
忿速（ふんそく）は侮（あなど）られ、廉潔（れんけつ）は辱（はずか）しめられ、
愛民（あいみん）は煩（わずら）わさる（九変篇）

チームリーダーである以上、是が非でもプロジェクトを成功裏に終えたいと思うのも、失態を演じたくないというのも当然のことでしょう。しかし、それらの気持ちが強すぎると、判断に狂いが生じる恐れがあります。

失敗したくない気持ちが強くなるほど、大きな冒険を避け、小さな成功を得て満足してしまうかもしれません。また、「後には引けない」という思いから、リスクの大きい無謀な勝負を挑んでしまうこともあるでしょう。

成功への強い気持ちを持ちつつ、クールな判断を下せること。この相反する二つを両立させることが、リーダーには必要なのです。

人の心は、厳しいだけでは掴めない

先きに暴にして後にその衆を畏るる者は不精の至りなり（行軍篇）

リーダーには威厳も必要ですが、威張っているだけの人間には誰もついていこうとは思わないでしょう。いくら時間がなく、急ぐ必要があったとしても、メンバーに無理をさせ、それが当然だと思っていては、そのチームは長くは続きません。

組織から離脱し、辞める人間が出てくれば、それはリーダーの責任です。無理のある仕事を設定してしまったことも、それに対するケアを怠ったことも、上司の失策ということになります。

組織としての役割を果たすことは必要ですが、同時に部下を守ることも、リーダーの重要な役割。そして、それが結果的には組織の発展にもつながっていくのです。

細やかな配慮が、結束力を生む

卒を視ること嬰児の如し、故にこれと深谿に赴くべし。卒を視ること愛子の如し、故にこれと倶に死すべし（地形篇）

部下の一挙手一投足に注意を払い、労わり、愛情をもって接すること。それがチームの結束力を生み出し、リスクのある難しい仕事にも一丸となって取り組む力をもたらすのです。

愛情をもって接することは、甘やかすことではない

卒已に親附せるに而も罰行なわれざれば、則ち用うべからざるなり

（行軍篇）

部下が親しみやすく感じて、慕う上司がいる会社は、コミュニケーションもスムーズに取れ、まとまりが出てくるものです。一方で、厳めしいだけのリーダーが、部下に困難な課題を与え、失敗すれば責め立てるような組織は、部下が委縮してしまい、本来の力を発揮できなくなってしまうでしょう。

かといって、ただ部下を甘やかすだけでも上司失格です。十分に慕われ、信頼されているのにもかかわらず、叱責しないようであれば、チームの雰囲気が緩みすぎて仕事になりません。叱ることとは気持ちのいいものではありませんが、部下を尊重しつつも、叱り、成長を促すことが、部下への愛情でもあるのです。

危機感を共有すれば、チームは予想外のパワーを生み出す

兵士は甚(はなは)だしく陥れば則(すなわ)ち懼(おそ)れず、
往(ゆ)く所なければ則ち固く、
深く入れば則ち拘(こう)し、
已(や)むを得ざれば則ち闘う（九地篇）

進退窮まるといった状況でこそ、人は限界を超え、信じられないような力を奮い出すことができます。置かれている状況が安泰だと思い込み、慢心しているようでは、真価を発揮することはなかなかできるものではありません。

チームが置かれている状況が危機であるならば、それを徹底的に周知し、メンバー一人ひとりが自社の命運を握っているという当事者意識を持たせなければなりません。

「どうにか成功させなくては！」という強い意識を共有し合うことによって、予想外のパワーを引き出せるのです。

感情ではなく、理性によって判断を下す

主は怒りを以て師を興こすべからず。将は慍りを以て戦いを致すべからず（火攻篇）

屈辱や怒りといった負の感情は、上手く活かせば強い向上心や、偉業への執着心となってプラスに転化することができる場合があります。

ですが、憤激をそのまま行動に移すのは、とても無責任なこと。怒りという私情を挟んで、組織の行動を決定するのは、組織を自分のために利用するのと変わりはありません。

トップは何が組織にとって大切なのかを冷静に見極め、感情に揺れ動かされないシビアな視点が必要になるのです。

コラム4

当時の戦争事情

時代や地域によって、戦争の形は異なります。

中国の春秋時代の戦争はどのようなものだったのでしょうか。「邑(ゆう)」と呼ばれる多数の都市国家が併存していた時代であり、国とは、大邑(だいゆう)を中心に同盟関係が保たれている「都市国家連合体」だったと言えます。国と国との戦いは、戦車戦を中心とした平原の野戦が典型的で、比較的短期間で決着がつきました。

紀元前5世紀、春秋時代末から戦国期になると、大邑が周囲の邑を併合し、さらに未耕地の開発を目指す領土国家へと姿を変えていきました。

その結果、戦争は敵国の内部へ深く攻め込み、敵の拠点を突く攻城戦へと移行しました。地形を利用した戦略的側面が重視され、複雑な地形でも機動力を確保できる歩兵が戦力の中心となりました。そんな戦争の過渡期に、『孫子』が生まれたのです。

第5章

個々が輝く組織力

危機は、敵対心を結束に変える

呉人と越人との相い悪むや、
其の舟を同じくして済りて風に
遇うに当たりては、其の相い救うや
左右の手の如し（九地篇）

協力しなければ生き残れないような危機に直面したら、普段は仲の悪い者同士でさえ、感情を捨てて、手を取り合います。危機を乗り越えようという思いが、強い結束力を生むのです。

シンボルが全体の意志を統一させる

金鼓・旌旗なる者は人の耳目を一にする所以なり。人既に専一なれば、則ち勇者も独り進むことを得ず、怯者も独り退くことを得ず（軍争篇）

組織を束ねようと考えても、「一致団結しよう」と呼びかけているだけでは、なかなか上手くいくものではありません。

様々な価値観を持つ人をまとめるには、組織を統率するための象徴や理念を掲げることが必要です。

ホームページのトップに「経営理念」を大きく掲げ、採用時にも入社後も、繰り返し経営理念について語る会社は、その理念を求心力にして、事業を推進しようと考えているのです。企業ロゴ、コーポレートカラーなど、会社のシンボルを掲げることも同じ。自分たちらしさを日々共有することで、一致団結していくのです。

正しい方針が組織を一つに束ねる

道とは、民をして上と意を同じくせしむる者なり（計篇）

経営陣と、それぞれの部門のトップと、現場の人間の意識がバラバラになっているような会社が、上手くいくはずはありません。意思疎通のできていない組織は、脳が「右手を挙げろ」と命令しているのにもかかわらず、右手が勝手な動きを取るようなもの。

身体とは違い、組織のメンバーはそれぞれ感情や意思があるので、それらが噛み合わない事態が起こります。だからこそ、普段から情報やビジョン、方針を共有しておくことが肝心なのです。

ルールが組織の秩序を守る

法とは、曲制(きょくせい)・官道(かんどう)・主用(しゅよう)なり
（計篇）

会社では組織編成や意思決定の手順、勤務体制などが定められていますし、地域ならゴミ出しなどのルールがあり、家庭でもそれぞれ決まりごとがあるでしょう。これらの規則は、決して個人を縛りつけるためのものではありません。

重要な事柄であればあるほど、透明性を確保し、ルールを周知させる必要があります。曖昧な基準で規則が決められてしまうようでは、不正が生まれる余地を残してしまいますし、そこまでいかなくとも、メンバーの不満の原因になることでしょう。有用な規則をつくり、それに基づいて組織を運営することが、秩序と強い地盤を生み出すのです。

人数の大小より、統一感と各人の責任感が大切

兵は多きを益ありとするに非ざるなり（行軍篇）

どんなに大きい組織であったとしても、一つひとつの細かい動き方は、メンバー個々人に委ねられるものです。

メンバーが多く、しかも決定事項が多いプロジェクトで、決定権を握る人物が不明確な場合、どうしても仕事を進めるのに時間がかかります。また仕事に対する各人の責任感も薄れがちです。そういう場合には、チームの今後を大きく左右するポイントを、少数精鋭部隊が担うこともあるでしょう。

チームの強さは人数の多寡では決まりません。それぞれのメンバーが自立して与えられた任務を果たし、かつチーム内で意思の統一がなされていることで、創造性豊かな仕事が可能になるのです。

信頼のおける補佐役を

輔周なれば則ち国必ず強く、
輔隙あれば則ち国必ず弱し（謀攻篇）

会社のトップが、会社の業務のすべてに通じている必要はありませんし、実際そんなことをやろうとしても不可能です。業務が多岐に渡り、従業員が増えれば増えるほど、目が届かない部分が多くなっていくことは当然です。

一人でできないことは、他の人に任せていく他ありません。信頼でき、自分の考えや方針に共感している人たちを補佐役としてつけ、それぞれ業務責任者として任務を全うしてもらうことを考えましょう。大切なのは、トップと補佐役の間で意思が分裂していないこと。そうすれば、無用な混乱を避け、磐石な管理体制を敷くことができます。

現場の指揮官を飛び越えた指示を控える

三軍のことを知らずして三軍の政を同じうすれば、則ち軍士惑う（謀攻篇）

現場のことを知らない経営陣が、突然現場へ出てきて、あれこれ指示を出すことは混乱しか生みません。そもそも現場の内情や慣習を知らずして、的確な命令を出せるはずがないのです。自分が精通していない領域には、口を出したくても出さないようにするのが、トップの度量です。

もちろん、放っておけばいいというものではありません。現場のことも知っており、マネジメント能力がある責任者に経営陣の思惑を伝え、任せてみましょう。現場で働く人が迷わず仕事に集中できる方法を生み出してくれるのは、そういう人たちなのです。

事後処理までが一つの仕事

戦勝攻取して其の功を
修めざる者は凶なり（火攻篇）

責任者は、一つの仕事に長く携わることになります。技術者であれば、製品を開発すればそれでその仕事は完結となりますが、責任者は開発を終えたら、次は販売戦略へと視点を移す必要があります。そして、販売した後はアフターサービスについて考慮しなければなりません。

利益を生み出すところまで、責任をもって仕事を完遂すること。さらにフィードバックを通して、次の商品開発のヴィジョンを持つなど、仕事はずっと続いていくのです。

上の者と下の者の心を一つにするのが成功の必要条件

上下の欲を同じうする者は勝つ

（謀攻篇）

組織は、トップから末端までが心を一つにし、同じ目標に向かって邁進することで、多少の苦難や失敗も乗り越えることができます。一方、周囲のペースを無視して先走ったり、臆病になって二の足を踏む人間が出てくるのは、目標を共有できていない証です。

「チームの今の目標は何か」「そのために自分のチームはどれくらいの利益を上げなければならないのか」「そのために自分は何を行えばいいか」を、メンバー全員が理解しているでしょうか。

目の前の仕事をこなすだけでは、モチベーションも上がりません。大きな目標への道が見えるからこそ、各々の足取りも強くなるのです。

多様性のある人たちを統合するには規律が必要

勇を斉えて一の若くにするは政の道なり（九地篇）

性格は人によって違います。勇敢な人もいれば臆病な人もいますし、リスクがあるのを承知で飛び込むのを良しとする人、慎重に慎重を重ねて熟慮し、なかなか行動に移せない人もいるでしょう。また能力についても、個々人で差があります。

これは自然なことなので、このような違いは認める他ありません。しかし、それに振り回されているようでは、組織運営はままなりません。多様な性格、価値観を持った人たちが集まることを考慮に入れた、それらをまとめるだけの規律やルールを生み出すことが必要なのです。

一度任せると決めたら、干渉しない

将の能にして君の御せざる者は勝つ（謀攻篇）

能力が高く、正しい考えを持ち、その役割を果たせると見込んで任せた相手に対しては、過度な口出しは厳禁。あれこれ干渉するようでは、いつまでたってもその人は成長できません。

適切な組織編成が生産性を高める

凡そ衆を治むること寡を治むるが如くなるは、分数是れなり（勢篇）

京セラ、第二電電（現ＫＤＤＩ）の創業者である稲盛和夫氏は、「アメーバ経営」という独自の管理会計を導入し、経営を行ったことでも有名です。これは企業の人員を6〜7人の小集団（アメーバ）に分け、アメーバごとに独立して採算を取り、利益を最大化することを目指す手法です。小集団に分けることで統率が取りやすくなり、また一人ひとりの仕事の成果がダイレクトに現れるので、当事者意識が飛躍的に高まります。

アメーバ経営は一つの例ですが、いずれにせよ組織全体、大人数をそのまま管理するのは不可能です。適切な組織編成を設計することが、組織の命運を左右すると心得ましょう。

組織が力を発揮できる状況を分析する

治乱は数なり。勇怯は勢なり。
彊弱は形なり（勢篇）

人も予算も簡単には増やせないのが普通です。リソースが有限である以上、手元にあるリソースを効率的に使い、パフォーマンスを上げていく他ありません。その余地は必ずあるはずです。

個々人がバラバラに動いていて、組織が上手く噛み合っていないようであれば、体制を変えることを考えるべきですし、チャレンジ精神に欠けているようなら、成功しやすい仕事に取り組ませ、自信を与えるのも良い方法でしょう。また、失敗したとしてもフォローアップする体制を運営側で整えることも考えられます。

今ある資源や人材を最大限に活用することが、組織を高めていくのです。

勢いを人に与えて、力を上手く引き出す

善く戦う者は、これを勢に求めて人に責めず、故に能く人を択びて勢に任ぜしむ（勢篇）

勝負ごとで結果を出せるかどうかは、その人の性格や能力に左右されますが、必ずしもそれだけで決まるものではありません。実力が十分でなくとも、その時その時の状況を読み、その勢いを上手く活かせば、勝機をつかむことができるのです。

リーダーの立場にいるなら、単にメンバーの特性だけを考えて仕事を任せるのではなく、その時の勢いや状況を考慮した上で、本当に力を引き出せる態勢を整えることが大切です。そのためにも、状況を読む目を養っておきましょう。

コラム５

戦争に参加した人たち

古代中国では、どのような人たちが実際に武器を取り、戦争に参加していたのでしょうか。

都市国家が成長し、大きくなると、都市国家内部に階級が生じるようになりました。国政に参与し、官吏の地位に就くことができ、戦時には武装して従軍する権利と義務を持つ「士」と呼ばれる階級と、平時には武器を持つ権利がない「庶」という階級です。

当初、武具はすべて自前で揃えるのが原則でしたが、戦争が頻繁に起こり、大規模化したため、個人が武具を負担することは困難になりました。そこで政府が戦費を準備するための財源として「賦（ふ）」という新税が課せられるようになったのです。

その結果、庶民にも賦が課せられ、また従軍義務がなかった庶民も徴兵対象となりました。こうして、戦争の参加者は広がり続けていったのです。

第6章

主導権を握る戦い方

いかに相手の裏をかくか

兵とは詭道(きどう)なり
(計篇)

勝負事では、相手に自分の手の内を読まれないことが最も重要です。

どんな状況であっても、相手に意図を悟られず、意外な行動によって相手を惑わせ、混乱させれば、それだけで優位に立てます。

相手の力量を見極め、判断を下す

用兵の法は、十なれば則ちこれを囲み、
五なればこれを攻め、倍すれば則ちこれを分かち、
敵すれば則ち能くこれと戦い、少なければ則ち能く
これを逃れ、若かざれば則ち能くこれを避く（謀攻篇）

物量作戦が通用する場面では、ありったけの労力を投入して一気に決着をつけるのが、こちらも相手も消耗することなく、勝負を決めるためのコツです。反対に、相手よりも戦力が小さいなら、無理に立ち向かうことはせず、退いて資源や人材を揃えるなど、戦うための準備をすれば良いのです。

勝てる勝負なのに、戦力の投入を意味もなく惜しんで戦いを長引かせたり、むやみに不利な戦いに挑めば、余分なコストもかかり、メンバーの鋭気を挫(くじ)くことにもなります。相手の力量を見極め、それに応じて戦うか逃げるかを決定しましょう。そして、いざ戦うとなれば覚悟を決めて全力を尽くすのみです。

相手を惑わせ、戦局をコントロールする

能（のう）なるもこれに不能を示し、用（よう）なるもこれに不用を示し、近くともこれに遠きを示し、遠くともこれに近きを示し、利にしてこれを誘い、乱にしてこれを取り、実（じつ）にしてこれに備え、強にしてこれを避け、怒にしてこれを撓（みだ）し、卑（ひ）にしてこれを驕（おご）らせ、佚（いつ）にしてこれを労し、親にしてこれを離す（計篇）

　こちらが準備万端なときに、それを相手に悟らせると、強い警戒を招き、対策を講じられてしまいます。あるいは、さっさと逃げられてしまい、せっかくの勝機を逸してしまうかもしれません。

　こちらが充実しているときは、弱そうに見せて油断を誘うのが得策。反対に、こちらが何の用意もできていないときは「決戦も辞さない」という強い構えを取って、簡単には攻め込まれないように時間を稼がなくてはなりません。

　そして攻めるときは、相手が無防備になるように仕向け、不意を突くのです。相手を巧みに惑わせ、主導権を握ることが、勝利への近道となります。

日々の準備が勝敗を分ける

虞(ぐ)を以(もっ)て不虞(ふぐ)を待つ者は勝つ（謀攻篇）

新しい事業計画書をつくるのに、例えば１ヵ月の期間があれば、いろいろな資料を収集し、フォーマットを整え、アイデアを盛り込むなど、準備にしっかり時間をかけることができます。それを１日でやろうとすると、準備の時間が足らず、極めて不十分なものしかできないでしょう。

普段から、様々な事態を見越して淡々と刃を磨いて準備しておきましょう。そうすれば、ライバルがどんな手を打ってきたとしても、大きな余裕を持って対処できるのです。

ライバルの内情を熟知することで、戦い方がわかる

人の殺さんと欲する所は、必ず先ず其の守将・左右・謁者・門者・舎人の姓名を知り、吾が間をして必ず索めてこれを知らしむ（用間篇）

競合他社に挑む際には、ライバルの内情を熟知し、微に入り細に穿（うが）つような詳細な分析が必要となります。公表されているライバル社の情報は、隈なく網羅するように心がけましょう。もちろん社外秘の情報はありますが、公開されている情報からでも、かなりのことを知ることができます。

例えば社長インタビューを読むだけでも、今期注力するつもりの事業は何なのか、採用人数を増やすのか、どこからコストを削減しようとしているのかなどを推測することができます。それらを考慮に入れ、自社の戦略の決定に活かすようにしましょう。

情報を制する者が、勝機を掴む

三軍の親は間より親しきは莫く、賞は間より厚きは莫く、事は間より密なるは莫し（用間篇）

「情報化社会」だと言われて久しいですが、今も情報量は日に日に、それも猛烈な速度で増えていっています。どんな戦いに挑むにも、情報を制する者が大きくリードを奪うことになるでしょう。組織の力や資源として「人材」や「モノ」が挙げられますが、今は情報もまた重要なリソースの一つなのです。

ただ、手に入れた膨大な情報を分析し、使いこなすのは、あくまでも人間です。「ビッグデータ」は素の人間がそのまま扱えるものではありませんが、コンピュータを通して分析するのもまた人間です。あらゆる情報を分析し、意味のある行動へとつなげる力が、現代人に求められる能力なのでしょう。

主導権を握り、選択肢を多く持つ

善く戦う者は、人を致して
人に致されず（虚實篇）

主導権を握るというのは、自分の選択肢を広げ、相手の選択肢を限定すること。例えば自分から攻め込めば、いつまで戦いを継続するか、どこで退くかと、選択権を持つことができるのです。

ライバルが崩れ、弱さを見せるのを待つ

先ず勝つべからざるを為して、以て敵の勝つべきを待つ（形篇）

競争においては、自分たちが勝てる態勢を築き上げるのが第一ですが、それだけで勝ちが揺るぎないものになるわけではありません。ライバルが崩れて、こちらに「勝たせてくれる」ような態勢になるまで待つというのも、勝利を確実にするための方法です。

自分の力だけではなく、相手の不備や弱さが大きな要因となって勝利をつかむこともあるのです。

そのチャンスをつくるには、相手の動向をよく観察することが大切。例えば、積極的に攻めてこないというのが一つのヒントです。守っているばかりの相手は、力不足で勝算がない状態だと予想できます。そこを突けば、勝利はより確実なものとなるのです。

優れた人間は「無理」も「苦労」もないように仕事を組み立てる

忒わざる者は、その勝を措く所、已に敗るる者に勝てばなり（形篇）

いつも必死の形相で、傍目にも間に合うか間に合わないかギリギリの仕事をしている人は周りにいないでしょうか。何とか仕事を間に合わせ、悪くない成果を上げれば、「あれだけ苦労して、成功したのだ」と称賛されるかもしれません。しかしこれはスケジュールに無理があり、計画性もなく、ただ力任せに進めて、たまたま上手くいったに過ぎません。

本当に優れた人は、慌てることなく仕事を進め、細部にまでしっかりこだわり、チェックする余裕を持っているものです。周囲に苦労を感じさせることなく、ごく自然に成功させるのが、一流の社会人なのです。

相手の急所を攻めることで、圧倒的優位を築く

先ず其の愛する所を奪わば、則ち聴かん（九地篇）

優位な戦局にするためには、まず相手の急所を突くことです。相手の頼りとするものを一つでも奪えば、勝利はすぐそこです。相手の弱みを見極め、そこを攻めることで、形勢を有利に運びましょう。

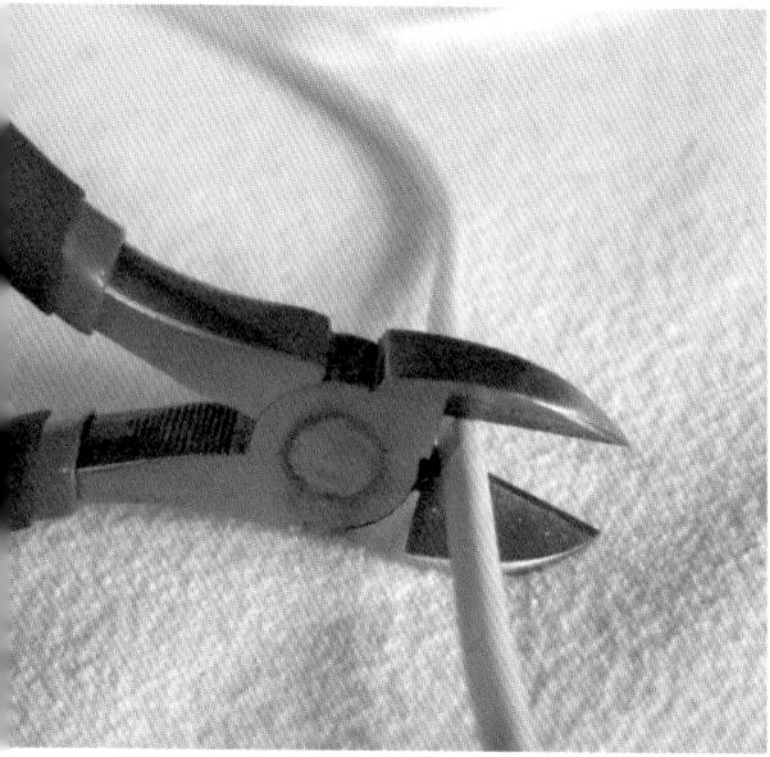

相手に守る手立てを与えない

進みて禦ぐべからざる者は、その虚を衝けばなり（虚實篇）

あなたの会社が画期的な新商品を開発したとします。ここで、いきなりその商品を投入するのも良いですが、ライバルの次の動きを見た上で、より自社製品をアピールできる販売戦略を練ってからリリースするのも、一つの手段です。

ライバル社は一度プロジェクトを始めた以上、簡単に引っ込めるわけにはいきませんから、すぐに手を打つのは困難です。こちらは、それを見越して、上を行く見せ方をすることで、消費者に商品の優劣の「差」を見せつけるのです。「差」がはっきり見えるからこそ、自社製品により大きな訴求力を持たせることができます。

「自分の土俵」をつくり上げることで、大きなリードを奪えるのです。

ライバルを追いつめすぎるのは危険

帰師には遏むること勿かれ、囲師には必ず闕き、窮寇には迫ること勿かれ（九変篇）

孫子が繰り返し述べていることですが、戦いの目的は相手を負かすことではなく、利益を確保することです。こちらが利益を十分に得た段階で、ライバルが尻尾を巻いて逃げ出そうとしているのに、わざわざ追いかけてとどめを刺す必要はありません。

ライバルを追いつめれば、窮地に立たされた相手は、決死の覚悟でこちらに向かってきます。「もう後がない」と覚悟を決めた者は、予想もしないほどの力を発揮するものです。

逆転を許さないためにも、「勝ち」のラインをあらかじめ決め、そのラインを越えたら無理をせず、大きな逆転を万が一にでも許さない意識も必要です。

専門領域を持つことが、強固な盾になる

攻めて必ず取る者は、其の守らざる所を攻むればなり。守りて必ず固き者は、其の攻めざる所を守ればなり（虚實篇）

ライバルに攻め込まれない唯一の方法は、「相手が攻めてこないところ」にいることです。では、ライバルが攻められない場所に身を置くには、どうすれば良いのでしょうか。

それはあなたの専門領域をつくり、独自性や強みを活かすということです。とはいっても、そういうものは簡単につくれるわけではありません。まずは「自分のやりたいこと」ではなく、「今の自分にできること、していること」に注目してください。それはすでにあなた独自の大きな財産です。その能力を最も活かせる領域を探し出せば、その牙城は誰にも崩されないでしょう。

戦うべき場所、戦うべき時期を見定める

戦いの地を知り戦いの日を知れば、則ち千里にして会戦すべし（虚實篇）

「戦う必要がないのに戦うな」というのは、孫子のメッセージの柱です。争い、勝負を繰り返すのは、決して楽しいものではありません。

それでも長い人生において、個人としてであれ、組織のメンバーとしてであれ、戦わなければならないときが必ず来ます。大切なのは、その戦わなければならないときを正確に見極めること。

戦うべき場所、戦うべき時期は一体いつなのか。勝負所を見極めたのであれば、後悔のないよう全力で挑みましょう。

コラム6

2人の孫子

92ページのコラムでも触れた通り、『孫子』を書いたのは春秋時代に生きた孫武だと考えられてきました。

しかし『史記』に簡単な挿話が残っているだけで、他の古い書物には孫武の名前すら出てこないことから、『孫子』は孫武の著作だという見方は一時、否定されるようになりました。

では、孫子を書いたのは誰なのでしょうか？　ここで注目されたのが、孫武と同じく「孫子」と呼ばれていた孫臏（そんぴん）でした。

孫臏については『史記』で触れられており、その他の戦国期末の本にも著名な兵法家として名前が出てくること、また伝記に孫臏の言葉として出てくる内容が『孫子』とも共通していることから、『孫子』の作者は戦国時代に生きた孫臏だという学説が有力なものとなったのです。

しかし、1972年に山東省（さんとんしょう）臨沂県（りんぎけん）の銀雀山（ぎんじゃくざん）から竹簡資料が発掘されて、状況は大きく変わります。

新資料の中には、現在の『孫子』十三篇とほぼ同様のものの他に、それまでほとんど知られてこなかった孫臏と関係する兵書が含まれていました。そして、これらの資料の研究が進むにつれて、『孫子』の内容が『孫臏兵法』よりも古いことが判明してきたのです。孫武は春秋時代の人であり、孫臏は戦国時代の人なので、今の『孫子』は孫武に関係づける方が自然だと、学説が変わったのです。

もっとも『孫子』は、一人の手で書かれたものではないと考えられています。孫武の言葉の一部が口伝などで断片的に伝えられ、さらにその他の伝承なども混じり、ある時期に、今の私たちが見るような形として定着したと考える方が自然です。孫武の言葉を発祥として、孫臏も含めた孫子学派の伝承を通して『孫子』は成立していると考えられています。

孫子の兵法について

『孫子』は十三篇から成り立つ、春秋時代に生まれた書物です。中国の最古にして最大の兵法書として知られ、現実主義的な内容と、簡素にして優雅な文体で、古くから多くの信奉者を生んできました。

その後、多くの兵法書が書かれますが、今も広く読み継がれているのは『孫子』だけです。それは『孫子』が「戦争の本質」を見極める中で、時代を超える普遍性を獲得したからでしょう。そこには日常生活の処世、人間に対する鋭い観察、組織の運営方法など、幅広いテーマがあり、現在にも活かせる教訓が数多く含まれています。

日本では764年の藤原仲麻呂の乱のときに、『孫子』の戦術が採用されていたことが確認できます。その後も『孫子』は読まれ続け、江戸時代には林羅山、山鹿素行、新井白石、荻生徂徠、吉田松陰といった錚々たる人物が『孫子』の注釈書を残しています。

［監修］野村茂夫（のむら しげお）

1934年、岐阜県生まれ。58年、大阪大学文学部哲学科中国哲学専攻卒業。63年、同大学大学院文学研究科博士課程単位修得退学。大阪大学助手、愛知教育大学助教授をへて、愛知教育大学教授に。87年退官、名誉教授に。皇學館大学教授を務めた後、2006年退任、名誉教授に。その後NHK文化センター講師などを務める。2021年2月4日逝去。著書に『老子・荘子』（角川ソフィア文庫）、『荘子』（講談社）、『中国思想文選』（共編・学術図書出版社）など。監修書に『論語エッセイ』、『ビジネスに役立つ論語』、『ビジネスに役立つ菜根譚』、『みんなと仲よくなる菜根譚』（いずれもリベラル社）など。

［参考文献］『新訂 孫子』（岩波書店）／『ビギナーズ・クラシックス 中国の古典 孫子・三十六計』（KADOKAWA）／『孫子の兵法 考え抜かれた「人生戦略の書」の読み方』（三笠書房）など

監修　野村茂夫
文　柴萩正嗣
装丁デザイン　宮下ヨシヲ（サイフォン グラフィカ）
DTP　ハタ・メディア工房
本文デザイン　尾本卓弥（リベラル社）
編集人　伊藤光恵（リベラル社）
編集　安永敏史（リベラル社）
営業　持丸孝（リベラル社）
制作・営業コーディネーター　仲野進（リベラル社）

編集部　鈴木ひろみ・榊原和雄・中村彩
営業部　津村卓・澤順二・津田滋春・廣田修・青木ちはる・竹本健志・坂本鈴佳

写真提供　Shutterstock.com

本書は、2016年に発刊した『人生を勝ち抜く 孫子の兵法』を編集・文庫化したものです。

人生を勝ち抜く 孫子の兵法

2023年3月25日　初版発行

編　集　リベラル社
発行者　隅田 直樹
発行所　株式会社 リベラル社
〒460-0008　名古屋市中区栄3-7-9　新鏡栄ビル8F
TEL 052-261-9101　FAX 052-261-9134　http://liberalsya.com
発　売　株式会社 星雲社（共同出版社・流通責任出版社）
〒112-0005　東京都文京区水道1-3-30
TEL 03-3868-3275

印刷・製本所　株式会社 シナノパブリッシングプレス

 ISBN978-4-434-31823-8　C0110